BEI GRIN MACHT SICH IHR
WISSEN BEZAHLT

Bibliografische Information der Deutschen Nationalbibliothek:

Die Deutsche Bibliothek verzeichnet diese Publikation in der Deutschen National-
bibliografie; detaillierte bibliografische Daten sind im Internet über http://dnb.d-
nb.de/ abrufbar.

Impressum:

Copyright © 2011 GRIN Verlag, Open Publishing GmbH
Druck und Bindung: Books on Demand GmbH, Norderstedt Germany
ISBN: 9783668503113

Dieses Buch bei GRIN:

http://www.grin.com/de/e-book/371871/ueber-die-unmoeglichkeit-der-mechanisie-
rung-der-mathematik-goedels-unvollstaendigkeitssatz

Christian Hugo Hoffmann

Aus der Reihe: e-fellows.net stipendiaten-wissen

e-fellows.net (Hrsg.)

Band 2457

Über die Unmöglichkeit der Mechanisierung der Mathematik. Gödels Unvollständigkeitssatz und philosophische Implikationen

GRIN Verlag

GRIN - Your knowledge has value

Der GRIN Verlag publiziert seit 1998 wissenschaftliche Arbeiten von Studenten, Hochschullehrern und anderen Akademikern als eBook und gedrucktes Buch. Die Verlagswebsite www.grin.com ist die ideale Plattform zur Veröffentlichung von Hausarbeiten, Abschlussarbeiten, wissenschaftlichen Aufsätzen, Dissertationen und Fachbüchern.

Besuchen Sie uns im Internet:

http://www.grin.com/

http://www.facebook.com/grincom

http://www.twitter.com/grin_com

Über die Unmöglichkeit der *Mechanisierung* der Mathematik

Gödels Unvollständigkeitssatz und philosophische Implikationen

Dr. Christian Hugo Hoffmann

Inhaltsverzeichnis

1. Einleitung

> Philosophers should have the audacity to generalize things without
> any inhibition: go on along the direction on the lower level, and
> generalize along different directions in a uniquely determined manner.
>
> Gödel, 13 September 1972 (nach Wang 1996, S. 1)

Das 20. Jahrhundert war Zeuge der Setzung eines Marksteins in der Geschichte der Logik und Mathematik durch eine Arbeit, über deren Autor mancher gar sagt, er sei der größte Logiker seit Aristoteles.[1] Im Jahre 1931 veröffentlicht der junge Mathematiker Kurt Gödel überraschend diese relativ kurze Abhandlung mit dem Titel „Über formal unentscheidbare Sätze der Principia Mathematica und verwandter Systeme". Auch wenn die wissenschaftliche Gemeinschaft nicht sofort den gesamten Gehalt von Gödels Werk erkannte, so werden doch die von ihm ge-zogenen Schlüsse heutzutage weitgehend als revolutionierend und von grundlegender philoso-phischer Bedeutung angesehen (Nagel/Newman 2007, S. 9). Es ist das Ziel der vorliegenden Arbeit, durch eine Briefbemerkung Gödels angedeutete philosophische Implikationen seiner in jenem Fachartikel erbrachten (mathematischen) Hauptergebnisse, die sich in dem soge-nannten Unvollständigkeitssatz manifestieren, aufzuzeigen und zu erläutern (Kap. 3).

Dafür soll jedoch zunächst das Wesentliche respektive der allgemeine Charakter von Gödels Beweisführung herausgestellt werden (Kap. 2.1), damit nachvollzogen werden kann, auf welche geniale Weise er seine Erkenntnisse gewann,[2] um darauf aufbauend zu einer Einschätzung und Würdigung seiner Arbeit zu gelangen (Kap. 2.2), die ein Kernproblem der Grundlagen der Mathematik in Angriff nimmt. In diesem Sinne wird knapp umrissen, inwieweit Gödels Argumentation und die daraus folgenden Unvollständigkeitssätze bahnbrechend für die Mathematik waren.

Mathematisch genau genommen müsste zwischen Unvollständigkeits*sätzen* differenziert werden,[3] jedoch genügt es für die Zwecke dieser Arbeit, vereinfacht bei dem gebräuchlicheren Ausdruck im Singular zu bleiben. In ersten gleichwertigen Annäherungen kann Gödels Unvollständigkeitssatz – entsprechend Wang (1996) – wie folgt aufgefasst werden, wobei im weiteren Verlauf besonders die fünfte Formulierung Aufmerksamkeit erfährt:

GT [i.e. Gödel's theorem, C.H.] Mathematics [or arithmetic, C.H.] is inexhaustible.
GT1 Any consistent formal theory of mathematics must contain undecidable propositions.
GT2 No theorem-proving computer can prove all and only the true propositions of mathematics.
GT3 No formal system of mathematics can be both consistent and complete.
GT4 Mathematics is mechanically (or algorithmically) inexhaustible (or incompletable).
(ebd. S. 3)

---

[1] So äußerte sich z.B. Robert Oppenheimer oder John Wheeler, letzterer stellt ihn sogar über Aristoteles. Vgl. Bernstein (1991), S. 141.

[2] Nagel/Newman (2007) greifen diesen Punkt mit der Hommage auf: „Gödels grandiose intellektuelle Sinfonie".

[3] Vgl. z.B. Wang (1996), S. 72f., insbesondere die Punkte (2) und (3). Der zweite Gödelsche Unvollständigkeits-satz folgt allerdings unmittelbar aus dem ersten, es bedarf keiner aufwendigen zusätzlichen Beweisschritte.

2. Der Gödelsche Unvollständigkeitssatz

2.1. Darstellung des Kerns des Beweises

Es wird gezeigt, dass ein formales System, welches die Arithmetik beschreibt, nicht gleichzeitig *vollständig* (mit der Bedeutung, dass alle wahren Aussagen mit den Mitteln des Systems abgeleitet werden können, also dass alle wahren Aussagen und die Negationen aller falschen Aussagen beweisbar sind) und *widerspruchsfrei* (mit der Bedeutung, dass es nicht möglich ist, aus den Axiomen sowohl eine Aussage P als auch ihre Negation $\neg P$ abzuleiten) sein kann.

Im Folgenden wird die Idee des Beweises – in Anlehnung an Nagel/Newman (2007) und Hofstadter (1979) – aufgrund des begrenzten Raumes nur verkürzt wiedergegeben. Gödels Argument beruht auf zwei wesentlichen Überlegungen (Hofstadter 1979, S. 470): zum einen auf der Einsicht, dass es möglich ist, Aussagen *über* die Arithmetik (Sätze über Zahlen) *in* der Arithmetik selbst (als Zahlen) zu repräsentieren.[4] Zum anderen ist die *Widerspiegelung* der selbstbezüglichen Aussage „Dieser Satz ist kein Satz der Arithmetik" zu nennen (ebd. S. 480).

Um mathematische Aussagen eindeutig auf natürliche Zahlen abzubilden, definiert man zunächst genau die in den Sätzen verwendeten konstanten Elementarzeichen (z.B. „$\neg$", „$\exists x$" oder „$=$") und ihre Bedeutung und weist ihnen eine *eindeutige Zahl* („Gödelnummer") zu, welche als eine Art unterscheidendes Etikett dient. Sodann werden den Zahlenvariablen, den Satzvariablen und Prädikatvariablen die erste, zweite und dritte Potenz von Primzahlen entsprechend der Reihenfolge ihres Auftretens zugeordnet. Ein mathematischer Satz lässt sich dann auf eine natürliche Zahl abbilden, indem man für das erste Zeichen der Formel die erste Primzahl zur Potenz der Gödelnummer dieses Zeichens erhebt, für das zweite Zeichen die zweite Primzahl und allgemein für das n-te Zeichen die n-te Primzahl und aus diesen so potenzierten Primzahlen das Produkt bildet. Aufgrund dieser Primfaktorisierung ist die Darstellung eines mathematischen Satzes als Zahl eindeutig. Da auch Folgen von Formeln ähnlich auf natürliche Zahlen abgebildet werden können, ist es möglich, formale Beweise für metamathematische Sätze in dem Kalkül selbst darzustellen. Dies geschieht mittels eines Prädikats $Dem(x, z)$, welches zum Ausdruck bringt: „Die Formelfolge mit der Gödelnummer x ist ein Beweis oder eine Demonstration für die Formel mit der Gödelnummer z" (Nagel/Newman 2007, S. 79).[5]

Der zweite Schritt auf dem Weg des Beweises besteht darin, eine selbstbezügliche Aussage *über* die Arithmetik zu finden und diese darüber hinaus *in* der Arithmetik selbst darzustellen. Das angewandte Verfahren beruht auf der von Cantor erfundenen *Diagonalisierung* und zwar

---

[4] Nagel/Newman (2007) sprechen in diesem Zusammenhang korrekterweise von der Arithmetisierung der Metamathematik. Vgl. ebd. S. 77ff.

[5] Dieses Prädikat lässt sich primitiv-rekursiv überprüfen, vgl. dazu Hofstadter (1979), S. 472.

4

insofern, dass eine Zahl auf zwei verschiedene Arten verwendet wird, um eine selbstbezügliche Aussage herzuleiten, die widersprüchlich ist (Hofstadter 1979, S. 478).

Ausgehend von diesen Präliminarien wird die zu $Dem(x, z)$ kontradiktorische Formel $\neg Dem(x, z)$ eingeführt, die innerhalb der formalisierten Arithmetik den metamathematischen Satz vertritt: „Die Formelfolge mit der Gödelnummer x ist *kein* Beweis für die Formel mit der Nummer z".

Durch Ergänzung eines Allquantors ergibt sich: $\forall x : \neg Dem(x, z)$, was die eindeutige Abbildung des metamathematischen Satzes ist: „Die Aussage mit der Nummer z ist nicht beweisbar" (Nagel/Newman 2007, S. 86). Die Variable z wird nun zur Herstellung der Selbstbezüglichkeit genutzt. Die Funktion $sub(x, y, z)$ besagt, dass in der Aussage mit der Gödelnummer x jedes Vorkommen derjenigen Variablen, deren Gödelnummer y ist, durch das Zahlzeichen für z ersetzt wird (ebd. S. 81 f.). Das Ergebnis dieser Funktion ist wiederum die Gödelnummer einer bestimmten Formel. Sei 17 die Gödelnummer der Variablen y. Nun generiert man einen Spezialfall, indem zunächst z in dem Ausdruck $\forall x : \neg Dem(x, z)$ durch $sub(y, 17, y)$ substituiert wird. Daraus resultiert:

$$\forall x : \neg Dem(x, sub(y, 17, y)). \tag{1}$$

(1) ist eine Aussagenform, die zum arithmetischen Kalkül gehört, die einen metamathematischen Satz widerspiegelt[6] und in der sowohl y als auch die Gödelnummer von y vorkommen. Die (1) konstituierenden Elemente müssten wiederum durch Gödelnummern repräsentiert werden, errechnete man die Gödelnummer von (1). Angenommen diese Zahl sei n. Wir substituieren nun in der Formel (1) für die Variable mit der Gödelnummer 17 das Zahlzeichen für n. Damit erhalten wir eine neue (nach Gödel benannte) Formel G, die jenem angekündigten Spezialfall entspricht, den wir oben zu konstruieren versprachen (Nagel/Newman 2007, S. 86-88).

$$\forall x : \neg Dem (x, sub(n, 17, n)) \tag{G}$$

G ist also eine Aussage mit der Bedeutung: „Die Aussage, die man erhält, wenn man in der Formel mit der Gödelnummer n, d.h. (1), jedes Auftreten der Variablen mit der Gödelnummer 17, d.h. y, durch das Zahlzeichen für n ersetzt, ist nicht beweisbar". Daraus ergibt sich, dass G etwas über sich selbst aussagt: „G ist nicht beweisbar" (ebd. S. 88). Dies ist eine Aussage, die prinzipiell wahr oder falsch sein kann. Gödel zeigte dann, dass G formal beweisbar ist, gdw. auch ihr Gegenteil $\neg G$ formal bewiesen werden kann, wenn also die Arithmetik

---

[6] Und zwar klarerweise den folgenden: „Die Formel mit der Gödelnummer $sub(y, 17, y)$ ist nicht beweisbar", respektive ausführlicher formuliert: „Die Formel, die man erhält, wenn man in der Formel mit der Gödelnummer y jedes Vorkommen von y durch das Zahlzeichen für y ersetzt, ist nicht beweisbar".

widersprüchlich ist. Das heißt, dass im Falle der Widerspruchsfreiheit der Axiome eines formalisierten Systems der Arithmetik weder die Formel G noch ihre Negation $\neg G$ formal beweisbar sind, dass also G *unentscheidbar* und die Arithmetik *unvollständig* ist (ebd. S. 90f).

Wenngleich G in diesem Fall formal (also durch Deduktion aus den Axiomen) nicht entscheidbar ist, so kann dennoch eingesehen werden, dass G wahr sein muss: Wäre G ein formal beweisbarer Satz, so stünde dies im Widerspruch mit seiner Bedeutung „G ist nicht beweisbar". Also ist G kein formal beweisbarer Satz. Nichts anderes sagt jedoch G von sich aus – ergo ist G wahr (Hofstadter 1979, S. 480). Daraus folgt ein zweifaches Hauptergebnis:

Gödelscher Unvollständigkeitssatz:[7]

Erstens demonstrierte Gödel, dass es unmöglich ist, einen metamathematischen Beweis für die *Widerspruchsfreiheit* oder die Konsistenz eines formalen Systems innerhalb des gleichen Systems zu erbringen, welches umfassend genug ist, die gesamte Arithmetik zu enthalten.

Er zeigte zweitens, dass die *Principia Mathematica* oder jedes andere System, in dem die Arithmetik entwickelt werden kann, *wesentlich* oder notwendigerweise *unvollständig* ist; mit anderen Worten: „[...] in any consistent system which is strong enough to produce simple arithmetic there are formulae which cannot be proved-in-the-system, but which we can see to be true" (Lucas 1963, S. 255).

Dies ist ein entscheidender Punkt, der eingehendere Ausführung verdient.

2.2. Bedeutung, Einordnung und kurze Bewertung des Theorems für die Mathematik

Gerade Gödels zweite Erkenntnis kann vermutlich als noch weitreichender und revolutionierender angesehen werden, denn sie beweist eine grundsätzliche Beschränkung für die Anwendbarkeit der axiomatischen Methode (Nagel/Newman 2007, S. 60).[8]

Im späten 19. Jahrhundert setzte sich in der Mathematik eine immer größere Abstraktion von den zuvor verwendeten anschaulichen Begriffen und damit verbunden eine Formalisierung durch. Man erkannte, dass der Kern der Mathematik darin besteht, aus gegebenen Axiomen

---

[7] Selbstverständlich könnte man nun den ersten (zweiten) Teil als ersten (zweiten) Unvollständigkeitssatz bezeichnen. Da aber die Präsentation der Ergebnisse nicht der Reihenfolge des tatsächlichen Gödelschen Beweisganges entspricht, wird davon abgesehen. Vgl. im Folgenden auch Nagel/Newman (2007), S. 60.

[8] Die Vorstellung, dass eine Aussage als Schlusssatz aus einem expliziten *logischen Beweis* folgen könne, geht auf die Griechen zurück (man denke z.B. an die systematische Entwicklung der Euklidischen Geometrie), die die sogenannte „axiomatische Methode" erfanden. Die axiomatische Methode besteht darin, dass bestimmte Sätze *ohne* Beweis als Axiome oder Postulate angenommen werden (z.B. Euklids viertes Postulat, nach welchem alle rechten Winkel einander gleich sind), aus denen dann alle anderen Sätze des Systems als Theoreme deduziert werden: „Die Axiome stellen die »Grundlage« des Systems dar; die Theoreme sind der »Überbau« und werden aus den Axiomen ausschließlich mit Hilfe logischer Grundsätze erhalten" (Nagel/Newman 2007, S. 10).

korrekte Schlussfolgerungen zu ziehen (ebd. S. 17). Mit dieser Einsicht verbreitete sich auch die Überzeugung, dass in allen Zweigen der Mathematik ein geeignetes Axiomensystem ausreichen würde, um alle wahren Sätze formal beweisen zu können (ebd. S. 11).

Aus dem Unvollständigkeitssatz geht indessen hervor, dass Wahrheit und Beweisbarkeit nicht identisch sind,[9] was die eben erwähnten Bemühungen, nämlich die Mathematik komplett zu formalisieren, zunichtemachte. Ihre bekannteste Ausprägung fand dieses Bestreben wohl im *Hilbertschen Programm*, das auf das zweite Problem[10] einer von Hilbert erstellten Liste von 23 mathematischen Problemen zurückgeht und das darauf abzielte, mit „finiten" Methoden die Widerspruchsfreiheit der formalen Systeme für die klassische Mathematik nachzuweisen.[11] Gödels Arbeit zwingt also im Allgemeinen zur Aufgabe der Annahme, dass sich für jedes Teilgebiet der Mathematik ein Axiomensystem aufstellen lässt, aus dem man die unbegrenzte Gesamtheit der wahren Sätze des infrage stehenden Teilgebietes systematisch ableiten kann. Im Besonderen und im Lichte dieser Erkenntnisse erwies sich das *Hilbertprogramm* in seinem ursprünglichen Anspruch als *wahrscheinlich* undurchführbar.[12] Stattdessen machte Gödel die Mathematiker mit der verblüffenden, vielleicht melancholisch stimmenden Schlussfolgerung bekannt, dass „eine axiomatische Behandlung z.B. der Zahlentheorie den Bereich der arithmetischen Wahrheiten nicht voll ausschöpfen kann" und dass „dasjenige, was wir unter einem bestimmten mathematischen Beweisverfahren verstehen, nicht mit der Durchführung einer formalisierten axiomatischen Methode zusammenfällt" (Nagel/Newman 2007, S. 96f.).

Gleichwohl und trotz dieser negativen Folgen stellte sich der Unvollständigkeitssatz als sehr fruchtbar für die Grundlagenforschung heraus. Gödels Arbeit führte in sie ein neues Untersuchungsverfahren ein,

---

[9] Vgl. weiterführend auch Boolos/Burgess (2002), S. 225.
[10] Dieses betrifft die Frage nach der Widerspruchsfreiheit der arithmetischen Axiome.
[11] Die Liste von 23 mathematischen Problemen wurde 1900 von dem deutschen Mathematiker David Hilbert auf dem Internationalen Mathematikerkongress vorgestellt. Mit dieser Präsentation sollten die damals aktuellen, wichtigen Probleme bzw. Problemkreise der Mathematik zusammengefasst, zu einer intensiven Auseinandersetzung mit ihnen und zur Konzipierung von Lösungen angeregt werden, um die Wissenschaft so voranzubringen.
Im Übrigen steht nicht nur das zweite der gelisteten Probleme in Verbindung mit Gödels Unvollständigkeitssatz. Ein weiteres spezifisches Problem Hilberts (das zehnte) war es nämlich, einen Algorithmus zu finden, der feststellt, ob eine beliebige diophantische Gleichung der Form $p(x1, x2, . . . , xn) = 0$ eine ganzzahlige Lösung hat. Fast vierzig Jahre nachdem Kurt Gödel seine Arbeit veröffentlicht hatte, konnte Matijassewitsch auf ihr aufbauend beweisen, dass für dieses Problem keine Lösung existiert. Vgl. dazu Schöning (2008), S. 141f.
[12] „[The incompleteness theorems, C.H.] seem to show that the hope of finding an absolute proof of consistency for any deductive system in which the whole of arithmetic is expressible cannot be realized, if such a proof must satisfy the finitistic requirements of Hilbert's original program" (Nagel/Newman 1956, S.1694).
Man beachte allerdings, dass die Möglichkeit für die Konstruktion eines finitistischen absoluten Beweises der Widerspruchsfreiheit der Arithmetik durch Gödels Ergebnisse nicht logisch ausgeschlossen wird. Gödel zeigte bloß, dass kein solcher Beweis möglich ist, der mit Arithmetik wiedergegeben werden kann. Seine Beweisführung schließt die Möglichkeit streng finitistischer Beweise, welche sich *nicht* innerhalb der Arithmetik darstellen lassen, nicht aus. Vgl. Nagel/Newman (2007), S. 96.

das seinem Wesen und seiner Fruchtbarkeit nach mit der von René Descartes in die Geometrie eingeführten algebraischen Methode vergleichbar ist. Dieses Verfahren brachte die logische und mathematische Forschung auf neue Probleme und führte zu einer noch nicht abgeschlossenen Neubewertung weitverbreiteter Philosophien der Mathematik und der Erkenntnis im allgemeinen. (ebd. S. 12)

In der Tat ist Gödels Unvollständigkeitssatz von allgemeinem Interesse und großer philosophischer Bedeutung. Aufschlussreiche Implikationen für die Philosophie des Geistes, die Philosophie der Mathematik finden im folgenden Kapitel Eingang in die Untersuchung.

3. Die Unmöglichkeit einer *mechanisierten* Mathematik

> On 17 June 1952 Harvard University awarded Gödel an honorary
> doctorate as "the discoverer of the most significant mathematical truth
> of this century" [this laudation was written by Willard Van Orman
> Quine, C.H.]. [According to Gödel, C.H.] the citation should not be
> taken to say that he is the greatest mathematician of the century, but
> rather, that the phrase *most significant* means "of the greatest *general*
> interest outside of mathematics." (Wang 1996, S. 2)

Gödels Unvollständigkeitssatz scheint viele philosophische Fragen aufzuwerfen. Um nur einige wenige zu nennen, seien etwa die nachstehenden aufgeführt: Kann eine endgültige Darstellung der genauen logischen Form mathematischer Beweise gegeben werden? Lässt sich eine vollständige Definition der mathematischen oder logischen Wahrheit erreichen? Ist es möglich, eine Rechenmaschine zu bauen, die dem menschlichen Geist an mathematischer Intelligenz ebenbürtig / überlegen ist? Ist der Computerfunktionalismus eine adäquate Theorie des Geistes? Gibt es neben einem materiellen Gehirn noch einen immateriellen Geist? Usw.

Auf die Frage, worin die philosophischen Implikationen seines Unvollständigkeitssatzes bestünden, entgegnete Gödel selbst – in einem Brief an den polnisch-schwedischen Mathematiker Leon Rappaport:

> My theorems only show that the *mechanization* of mathematics, i.e.,
> the elimination of the *mind* and of *abstract* entities, is impossible, if
> one wants to have a satisfactory foundation and system of
> mathematics. (Gödel nach Tieszen 2011, S. 110)

Im verbleibenden Teil dieser Arbeit wird sich – nachdem nunmehr grob geklärt ist, was sich hinter „my theorems" verbirgt (2.1) bzw. in welchen Kontext sie eingebettet sind (2.2) – der übergeordneten Aufgabe gewidmet, diese Briefbemerkung weiter und insgesamt zu erläutern sowie zu versuchen deutlich zu machen, wie sie im Sinne Gödels, wie sie kritisch zu verstehen ist. Bei der dadurch eingeläuteten Analyse stehen zwei Fragestellungen im Fokus. Die allgemeinere lautet: Was heißt es, dass Gödels Unvollständigkeitssatz etwas über den menschlichen Geist aussagt und was sagt er aus? Die speziellere fragt: Inwiefern ist für eine befriedigende Mathematik (vereinfacht gesprochen für: „a satisfactory foundation and system of mathematics") ihre *Mechanisierung*, das heiße die Eliminierung des Geistes und abstrakter Entitäten, unmöglich? Die Erläuterung des Zitats respektive die Beantwortung der spezielleren Frage wird einen guten Eindruck von dem hohen Wert des Gödelschen Beweises für die Philosophie des Geistes, der Mathematik vermitteln und damit eine Replik auch auf die allgemeinere Fragestellung geben.

9

3.1. „Die Eliminierung des Geistes und abstrakter Entitäten"

In diesem Abschnitt möchten wir eine weitere Komponente des Zitats bei Tieszen (2011) exzerpieren: „the elimination of the *mind* and of *abstract* entities", um dies zufriedenstellend zu interpretieren und um damit den Weg hin zur Erschließung des Gesamtgehalts der Briefbemerkung zu ebnen. Zwar wird dieser Zitatausschnitt von Gödel als Zusatz und Erklärung für den Kernausdruck „the *mechanization* of mathematics" gegeben, den wir separat im nächsten Kapitel betrachten wollen, doch scheint er selbst erklärungsbedürftig zu sein.

Ein erster Anhalts- und Ausgangspunkt zur Deutung von Gödels Einschub findet sich in Heft 6 seiner *Philosophischen Bemerkungen*. Dort führt er in der Bemerkung 416 zur Philosophie aus, worin der „Sinn", d.h. das Wesen oder das Ergon des Menschen liege, worin das (einzig) ihn auszeichnende Charakteristikum bestehe: „[Der, C.H.] Sinn der Menschen [ist, C.H.] die Erkenntnis." Das Erkennen wiederum definiert Gödel in der philosophischen Bemerkung 399 als „Wahrnehmen auf [abstrakte] Sachverhalte bezogen" und ergänzt weiter unten: „Erkennen = zum ersten Mal einen abstrakten Sachverhalt wahrnehmen." Dass Erkennen sich auf abstrakte Sachverhalte beziehe, heißt auch, dass nicht die Rede von einzelnen Sachverhalten ist.[13] Denn da der Mensch über Erkenntnis- und nicht bloß Wahrnehmungsvermögen verfüge,[14] könne er abstrakte Begriffe sowohl bilden als auch verstehen und besitze im Besonderen die Fähigkeit zu Verallgemeinerungen und Folgerungen.

> [...] concepts are not objects. We perceive objects and understand concepts. Understanding is a different kind of perception: it is a step in the direction of reduction to the last cause. (Gödel nach Wang 1996, S. 235)

Unter der Wahrnehmung eines Begriffes φ (statt eines Sachverhalts) versteht Gödel weiter „die Realisierung des Sachverhalts (∃x) φ (x)" (Bemerkung zur Philosophie 393).[15] Die Rolle der begrifflichen Wahrnehmung wird auch an anderer Stelle herausgehoben:

> Concepts are of central importance for the mind's capacity to apprehend reality. (Gödel nach Wang 1996, S. 13)

Freilich ist unsere Begabung zum Erlernen und zur Bildung von neuen Begriffen eine sehr bemerkenswerte und freilich bedeutet *etwas als etwas wahrnehmen* nicht bloß eine Reduktion auf einen reinen Reiz-Reaktions-Ablauf; aber wie genau hängen all die herangezogenen Philosophischen Bemerkungen mit unserem Zitat(-ausschnitt) zusammen?

---

[13] Wir setzen bspw. H₂O mit Wasser *im Allgemeinen* gleich und nicht nur mit einem einzelnen Wassertropfen.
[14] „Wahrnehmen dagegen wird in erster Linie auf Dinge bezogen [und nicht auf abstrakte Sachverhalte, C.H.]." Vgl. Gödels Bemerkung 399.
[15] Weniger metaphorisch kann man auch (statt „Begriffe wahrnehmen") sagen: „[...] our capacity to understand and see that certain assertions about the concepts are true" (Wang 1996, S. 13).

I.) ist klarer, warum Gödel vom Geist *und* von abstrakten Entitäten spricht: Einerseits ist der geistige Charakter des Phänomens der Wahrnehmung, der Erkenntnis kaum zu leugnen; nach Gödel zeichne den Menschen ja auch gerade seine Fähigkeit zur Erkenntnis aus. Da andererseits Erkennen in Beziehung zu abstrakten Sachverhalten oder Entitäten stehe, sind unter dem Gödelschen Erkenntnisbegriff der immaterielle Geist[16] und die abstrakten Entitäten voneinander abhängig. Und auch Tieszen (2011) kommt zu der Konklusion: „It is not at all surprising that the elimination of the mind and elimination of abstract entities should come together as a package"; denn: „If everything is a matter of an overheated scientism that recognizes only an empiricist interpretation of natural science then of course there can be no conscious minds and no abstract objects" (ebd. S. 110).

II.) darf infolgedessen Gödels Briefbemerkung auch so aufgefasst werden, dass keine befriedigende Mathematik ohne Erkennen und Verstehen möglich sei.

III.) kann im Sinne Gödels weiter geschlossen werden, dass es allein Maschinen oder Computer nicht schaffen, eine solide Mathematik aufzubauen, weil die Erkenntnis das Ergon des Menschen und nicht das der anderen Dinge sei.

IV.) vermag der Mensch, aufgrund seines Erkenntnisvermögens abstrakte Begriffe wahrzunehmen, was eine zentrale Leistung des menschlichen Geistes darstellt. Gödel glaubt gar, dass „for many important fundamental concepts, we are capable of seeing clearly the axioms implied by our intuitive ideas of them" (Gödel nach Wang 1996, S. 233f.). Jedenfalls sei dieser Ausdruck des menschlichen Intellekts, die (erstmalige) Wahrnehmung abstrakter Begriffe, entscheidend für die Etablierung einer befriedigenden Mathematik: „Mathematical thinking is, and must be, essentially creative" (Emil Post 1941). Wie z.B. Gödels eigener Beweis schon zeigte, lassen sich der Erfindungskraft[17] des Mathematikers bei der Entwicklung neuer Beweisverfahren keine Grenzen setzen.[18]

V.) kann schließlich gefolgert werden, dass keine endgültige Angabe der exakten logischen Form mathematischer Beweise möglich ist. Wo das menschliche Genie prinzipiell unzählige strukturell unterschiedliche Beweise entwickeln kann (Gödel: „Mathematics is incompletable"),

---

[16] „Matter and mind are two different things" (Gödel nach Wang 1996, S. 191).
[17] Sicherlich könnte diese Wortwahl problematisiert werden; denn die Debatte über die Frage, ob wir bei der Begriffsbildung einen neuen Begriff entdecken, kreieren oder erfinden, ist zweifelsohne nicht abschließend entschieden.
[18] In einer Erörterung einiger Ideen, die der Hilbertschen Metamathematik zugrundeliegen, unterstreicht Gödel selbst die Wichtigkeit abstrakter Begriffe für seine Disziplin: „Da die finite Mathematik als die der *anschaulichen* Evidenz definiert ist, so bedeutet das [...], dass man für den Widerspruchsfreiheitsbeweis der Zahlentheorie [und andernorts, C.H.] gewisse *abstrakte* Begriffe braucht." (Gödel 1958, S. 280)

haben Rechenmaschinen lediglich vorgegebene und endlich viele Befehle eingebaut, welche den festgesetzten Schlussregeln des formalisierten axiomatischen Vorgehens entsprechen. Was erlauben uns nun aber diese Einsichten, über die *Mechanisierung* der Mathematik oder über die Inadäquatheit einer *mechanisierten* Mathematik auszusagen? Bloß darauf zu verweisen, dass *mechanisch* arbeitende Rechenmaschinen nicht zu einer befriedigenden Mathematik führen (ad III), weil sie nicht erkennen (ad II) und keine abstrakten Begriffe wahrnehmen (ad IV) usw., reicht für eine letzte, zufriedenstellende Antwort nicht aus. Nichtsdestotrotz kann an dieser Stelle festgehalten werden: Nicht-mechanische Vorgänge, welche notwendig seien, um die Mathematik als befriedigend auszuzeichnen, involvieren erstens (ad IV) „abstract terms on the basis of their meaning" (Gödel 1934, S. 370) oder sind zweitens *infinit* (ad IV und V).

Es bleiben allerdings offene Fragen zurück: Warum gibt es keine befriedigende Mathematik ohne Erkennen, Verstehen und nicht-mechanische Vorgänge? Ist die gesamte Tragweite des Begriffs der *Mechanisierung* durch das alltägliche Bild der „mechanisch arbeitenden Rechenmaschinen" schon angemessen wiedergegeben oder umfasst dieser nicht mehr respektive ist er nicht vielschichtiger oder präzise fassbar? Der Versuch, diesen (und vielleicht weiteren) offenen Fragen Rechnung zu tragen, sei im Folgenden unternommen. Dabei muss über die Textgrundlage, die betrachteten Ausschnitte aus Heft 6 der Philosophischen Bemerkungen, hinausgegangen werden.

3.2.   „Mechanisierung"

Tatsächlich scheint die Bedeutung von „Mechanisierung" oder „Mechanisierung der Mathematik" komplex und reich an Facetten zu sein, die interessant und erhellend für die Interpretation von Gödels Briefbemerkung sind. Dies ist auch nicht weiter verwunderlich, denn dass „Mechanisierung" als Schlüsselbegriff innerhalb des Zitats bei Tieszen (2011) zu identifizieren ist, liegt auf der Hand.

Für eine erste grobe Annäherung an diesen Schlüsselbegriff (aus anderer Richtung)[19] bietet sich Lucas' (1963) einleitender Satz an, worin er auf die philosophischen Implikationen des Gödelschen Unvollständigkeitssatzes eingeht und zu dem (zum Schlüsselbegriff) verwandten Begriff des *Mechanism* schreibt:

> Gödel's theorem seems to me to prove that Mechanism is false, that is,
> that minds cannot be explained as machines. (ebd. S. 255)

---

[19] Der Einschub in Klammern ist gegeben, weil wir uns freilich bereits in 3.1. dem Begriff der Mechanisierung genähert haben und zwar insofern, dass wir dort analysierten, wie Gödel ihn erläutert.

Zwar darf nicht einfachhin übergangen werden, dass Lucas den Begriff „*Mechanism*" und nicht den für „*Mechanization*" herausstellt und er damit nicht unmittelbar zu unserer Begriffsklärung beiträgt, doch ist seine Auslegung von „*Mechanism*" sehr relevant für unsere Analyse. Dies wird klarer, wenn man Gödels Ausführungen zur genaueren Bestimmung des Begriffs „*mechanical procedure*" folgt, wobei die Unterscheidung zu „*Mechanization*" als in diesem Kontext vernachlässigbar eingestuft wird – zumal es (im Rückblick auf vorherige Abschnitte) naheliegt, dass Gödel unter „Mechanisierung" rein physikalische Vorgänge versteht.[20]

> Turing's work gives an analysis of the concept of "mechanical procedure" (alias "algorithm" or "computation procedure" or "finite combinatorial procedure"). This concept is shown to be equivalent with that of a "Turing machine". *A formal system can simply be defined to be any mechanical procedure for producing formulas, called provable formulas.* (Gödel 1986, S. 369)

Während Lucas (1963), etwas ungenau, Maschinen erwähnt und diese als Erklärungsmodell für den menschlichen Geist ablehnt,[21] wird bei Gödel (1986) präzisiert, dass es sich nicht um Maschinen im Allgemeinen, sondern speziell um sogenannte *Turing-Maschinen* handelt. Der Begriff der Turing-Maschine sei gemäß Turing/Gödel äquivalent zu dem des mechanischen Ablaufs respektive zu dem der Mechanisierung, der in diesem Kapitel problematisiert wird. Die Anspielung auf Alan Turings Arbeit (1936) über mechanisch berechenbare Funktionen kann hier leider aus Platzgründen nicht zu einer gründlichen Berücksichtigung ihrer Thesen ausgebaut werden, weshalb bloß in aller Kürze das Konzept der Turing-Maschine grob umrissen werden soll. Es genügt dabei zu konstatieren, dass sich Turing bei der Verfolgung des Ziels, den Begriff der berechenbaren Funktion exakter zu fassen, am ganz normalen Rechnen orientierte, d.h. die schrittweise nach formalen Regeln durchgeführte Überführung von Zahlzeichen in andere Zahlzeichen. Er konnte zeigen, dass alles, was sich auf diese Weise berechnen lässt, auch von einer Maschine berechnet werden kann, welche nur über einige minimale Grundoperationen verfügt. Diese nach ihm benannte Maschine ist in dem Sinne ein Computer, dass sie als ein Gerät bezeichnet werden kann, in dem Zeichenketten aufgrund von formalen Algorithmen erzeugt und verändert werden. Genauer gesagt hatten Turings Arbeiten

---

[20] Die Ausblendung des (eben nur marginalen) begrifflichen Unterschieds scheint aus dem weiteren Grund legitim zu sein, weil Gödel (193? nach Tieszen 2011, S. 179) an anderer Stelle – statt von der *Mechanisierung* der Mathematik – bspw. von „*mechanize* mathematical reasoning" spricht oder der Formulierung „combinatorial procedure" (Gödel 2003b, Vol. V, S. 176f. nach Tieszen 2011) den Vorzug gibt.

[21] Allerdings sei darauf hingewiesen, dass Lucas (1963) im Fortgang seines Artikels (S. 256) sehr wohl offenlegt, an welche Art von Maschinen er denkt: „Gödel's theorem must apply to cybernetical machines, because it is of the essence of being a machine, that it should be a concrete instantiation of a formal system". Weiter unten wird die Analogie zu Turings Maschinen deutlicher.

zwei bahnbrechende Resultate, die man so zusammenfassen kann (Beckermann 2008, S. 157f.):

(i) Zu jeder berechenbaren Funktion f gibt es eine Turing-Maschine, die diese Funktion berechnet, d.h. die, angesetzt auf das Zeichen für das Argument n, das Zeichen für den Wert $f(n)$ liefert.

(ii) Es gibt eine *universelle Turing-Maschine* UTM. Wenn man jeder Turing-Maschine in geeigneter Weise eine natürliche Zahl c als Codenummer zuordnet, dann gibt UTM, angesetzt auf die Codenummer c und ein beliebiges Argument n, genau den Wert als Ergebnis aus, den die Turing-Maschine mit der Codenummer c für dieses Argument als Ergebnis liefern würde.[22]

Wenn also Gödel (1986) den Begriff der Mechanisierung, des mechanischen Vorgangs in dem so zu verstehenden Begriff der Turing-Maschine widergespiegelt sieht, dann wird in Verknüpfung mit dem der Mathematik ein Bild derselben erzeugt, wonach sie rein so betrieben wird, dass Zeichenketten aufgrund von formalen Algorithmen produziert und abgewandelt werden. In dieser Vorstellung einer mechanisierten Mathematik ist die Mathematik das Feld der Turing-Maschinen; also von physikalischen Systemen, deren Verhalten durch die jeweilige *Maschinentafel* (siehe Fußnote 22) determiniert wird und die sich so verhalten, als würden sie den Anweisungen eines bestimmten *Programms* folgen, gemäß dem Zeichenketten (physikalischer Input) in andere Zeichenketten (physikalischer Output) überführt werden.

Es gibt insofern einen klaren Zusammenhang zwischen Programmen und funktionalen Zuständen. Zu jedem Program P existiert eine Menge von durch entsprechende Verhaltensgesetze[23] charakterisierten funktionalen Zuständen, für die gilt: Jede Maschine, die diese funktionalen Zustände annehmen kann, arbeitet genau das Programm P ab (Beckermann 2008, S. 162).[24] Daraus erklärt sich der Name einer prominenten Theorie innerhalb der

---

[22] Jede Turing-Maschine besteht aus
- einer *Kontrolleinheit*, die eine endliche Zahl von Zuständen annehmen kann und über eine sehr begrenzte Anzahl an Operationen verfügt,
- einem beidseitig unendlichen, eindimensionalen *Rechenband* (die einzelnen, nebeneinander liegenden Felder des Rechenbands können entweder ein Zeichen aus einem vorgegebenen Alphabet enthalten oder leer sein) und
- einem *Schreib-Lese-Kopf*.

Die Arbeitsweise einer Turing-Maschine wird durch ihre *Maschinentafel* bestimmt. Eine solche Maschinentafel ist eine Matrix, die für jeden logischen Zustand X, den die Maschine annehmen kann, und für jede Bandinschrift i eine Anweisung gibt, die besagt, was die Maschine tut, wenn sie sich im Zustand X befindet und auf dem Arbeitsfeld die Inschrift i steht, und in welchen Folgezustand Y sie danach übergeht. Es ist klar, dass jeder Maschinentafel ein Programm entspricht und genau deshalb Turing-Maschinen Computer in dem oben erläuterten Sinne sind. Vgl. Beckermann (2008), S. 157ff., auch für ein Beispiel, das den Begriff und das Funktionieren einer Turing-Maschine veranschaulicht.

[23] Z.B. derart: Wenn die Turing-Maschine T_1 im Zustand Z_1 und das Arbeitsfeld leer ist, dann druckt T_1 auf das Arbeitsfeld das Zeichen „1" und bleibt im Zustand Z_1.

[24] Die Umkehrung gilt aber nicht; sonst wäre jedes System, das funktionale Zustände annehmen kann, ein Computer oder eine Turing-Maschine.

Philosophie des Geistes, die eine wichtige Rolle für die Diskussion der Gödelschen Briefbemerkung spielt. Das deutet auch Tieszen (2011) an:

> Computational functionalism is especially relevant to Gödel's views on minds, machines, and reason. It held that we should understand mental states functionally, in terms of their causal relations. The best way to understand mental states as functional states in the brain, according to the computational view, is along the lines of computational states of a computer. (ebd. S. 109)

Die schon oben im Lucas-Zitat angeklungene Hauptthese von diesem *Computerfunktionalismus* lässt sich darum vielleicht wie folgt fassen:

Der menschliche Geist ist eine Turing-Maschine.[25]

Anders ausgedrückt, der Geist (oder das Gehirn?)[26] ist im Wortsinn eine Symbolverarbeitungsmaschine, so wie sie oben beschrieben und charakterisiert wurde. Diese Antwort auf die Frage nach der Natur mentaler Zustände respektive der dadurch gekennzeichnete Computerfunktionalismus wird durch die Gödelsche Briefbemerkung in ein unvorteilhaftes Licht gerückt. Denn laut Gödel sei unter Nachhaltigkeitsgesichtspunkten[27] die Mathematik nicht (vollständig) auf mechanische Vorgänge zu reduzieren, ergo gebe es mathematische Probleme, welche nicht von Turing-Maschinen gelöst werden können. Wenn demgegenüber gezeigt werden könnte, dass der zur Erkenntnis begabte Mensch dazu imstande wäre, solche Probleme zu lösen, dann wäre erwiesenermaßen der Mensch bzw. der menschliche Geist keine Turing-Maschine und folglich wäre der Computerfunktionalismus hinfällig (wie Lucas 1963 an der zitierten Stelle schreibt) oder mindestens mit einem schwerwiegenden Einwand konfrontiert. Dieser Konsequenz scheint sich auch Gödel selbst bewusst zu sein:

> It seems to me sufficient to refute mental computabilism by finding certain tasks which minds can do but computers cannot [...].
> (Gödel nach Wang 1996, S. 197)

Ferner sei die (logische) Konsequenz eingetreten, weil das Antezedens – zumindest in Gödels Augen –[28] wohl wahr ist, sprich es würden mathematische Probleme existieren, welche von

---

[25] Vgl. weiterführend Fodor (1987), Fodor (1994) oder auch Putnam (1960).
[26] Es sei damit angedeutet, dass sich darüber streiten lässt und darüber auch gestritten wird. Beckermann (2008)
[27] Denn eine nachhaltige Mathematik ist befriedigend und eine befriedigende Mathematik ist nachhaltig.
[28] Computerfunktionalisten würden hingegen bestreiten, dass es solche Probleme gibt – so äußert sich auch Turing – und wohl in die entgegengesetzte Richtung argumentieren; d.h. man könnte Gödels Theorie des Geistes, die *anscheinend* dem menschlichen Geist eine Sonderstellung einräumt, ad absurdum führen.

Menschen, nicht jedoch von Computern gelöst werden können. In seinen Bemerkungen zum Leibnizschen Programm während einer Logik-Vorlesungsreihe der Notre Dame Universität 1939 heißt es:

> The human mind will never be able to be replaced by a machine already for this comparatively simple question to decide whether a formula is a tautology or not.[29] (Gödel nach Tieszen 2011, S. 179)

Also *scheine* der menschliche Geist oder das Gehirn doch eine Struktur von Operationsregeln in sich zu enthalten, die viel weitreichender ist als die Struktur der Turing-Maschinen und als uns somit der Computerfunktionalismus glauben lassen will. Gleichwohl soll der Schluss, dass in der Mathematik nicht-mechanische Vorgänge erforderlich sind, und was daraus wiederum folgen mag, nicht gezogen werden, bevor nicht transparent ist, dass all dies auch wirklich von Gödels Unvollständigkeitssatz impliziert wird. Verdeutlichen wir uns deshalb diesen springenden Punkt, tragen jedoch zuvor erst einmal die Untersuchungsergebnisse zusammen.

3.3. Zusammenführung, Gesamtbild und Implikation

Ein Resümee der vorangegangenen Zeilen, die sich der Schlüsselstelle „the *mechanization* of mathematics" annahmen, lässt sich durch die Darstellung zweier gleichwertiger Lesarten der Phrase und daraus erlangter Einsichten geben. Die von Gödel selbst präsentierte Bestimmung einer mechanisierten Mathematik als „the elimination of the *mind* and of *abstract* entities" wurde unter dem Studium einiger seiner *Philosophischen Bemerkungen* durch Erläuterungen bereichert.

Erste Lesart: Die Mechanisierung der Mathematik als Eliminierung des Geistes und abstrakter Entitäten

a) Dass für eine befriedigende Mathematik die Eliminierung des Geistes und abstrakter Entitäten unmöglich sei, *heißt*, dass die den Menschen hervorhebende Erkenntnisgabe essentiell für eine überzeugende Fundierung der Mathematik sei.

b) Die Verbannung des Geistes und abstrakter Entitäten, und wie hinzugefügt werden darf, des Erkenntnisvermögens, aus der Mathematik würde *bedeuten*, dass ein durch Gödels Arbeiten in Schranken gewiesener purer Formalismus zurückbliebe. Es könnte dann in der Mathematik nicht mehr so vorgegangen werden, dass „abstract terms on the basis of their

---

[29] Diese *Behauptung* würde mutmaßlich Computerfunktionalisten und auch andere kaum überzeugen.

meaning" (Gödel 1934, S. 370) involviert wären; stattdessen lägen nur noch endliche und rein physikalische Abläufe vor (Gödel: „all mathematical thinking [would be] computational").

c) Ob Gödels Briefbemerkung, ausgehend von dieser Lesart und den zugehörigen Kommentaren, aber zu der Glorifizierung eines menschlichen Geistes berechtigt, der mechanisch arbeitenden Maschinen überlegen ist, bleibt offen. Wiewohl hergeleitet wurde, dass das menschliche Genie grundsätzlich unzählige strukturell unterschiedliche Beweise geben kann, wohingegen Rechenmaschinen lediglich vorgegebene und endlich viele Befehle eingebaut haben,[30] ist die *Bewertung* der Gödelschen Ergebnisse nicht abgeschlossen.

Einerseits könnte z.B. argumentiert werden, dass die Konstruktionen in seinem Beweis dem Projekt der künstlichen Intelligenz (AI) einen Aufwind bescheren, weil sie vielleicht die Vorstellung nähren, „that a high-level view of a system may contain certain explanatory power which simply is absent on the low levels" (Hofstadter 1979, S. 707). Andererseits findet auch die andere extreme Position Anhänger, wonach „the human mind does indeed surpass all computers, preferably just by demonstrating the mind's superior capacity to decide specifically mathematical questions" (Penrose 1990 und Lucas 1963 nach Wang 1996, S. 4).

In 3.2. wurde eine zweite Interpretation für den Schlüsselbegriff herausgearbeitet, welche zusammen mit den dazu angestellten Überlegungen die Resultate aus 3.1. gut ergänzt.

Zweite Lesart: Die Mechanisierung der Mathematik als mechanische Vorgänge im Sinne von Turing-Maschinen

a) Der Begriff der Turing-Maschine sei gemäß Turing bzw. Gödel (1986) äquivalent zu dem des mechanischen Ablaufs respektive zu dem der Mechanisierung. Demnach *bedeutet* die Rede von der Mechanisierung der Mathematik, dass sie einem Gerät oder einem physikalischen System mit gewissen Merkmalen „gleicht", in dem Zeichenketten aufgrund von formalen Algorithmen erzeugt und verarbeitet werden. Eine (vollends) mechanisierte Mathematik wäre also Wasser auf den Mühlen der Schulrichtung des Formalismus innerhalb der Philosophie der Mathematik.[31]

b) Turing-Maschinen sind funktional definierte Systeme; mit anderen Worten, sie können bestimmte funktionale Zustände annehmen. Funktionale Zustände wiederum sind Zustände

---

[30] Man beachte v.a., dass daraus weder folgt, dass Maschinen *weniger* Sätze des Axiomensystems als Theoreme deduzieren können als der Mensch es vermag, noch dass keine *absolut* unentscheidbaren Sätze existieren.

[31] „According to formalism [notably advocated by David Hilbert, C.H.] (in its simplest form), mathematics can be reduced to the manipulation of marks on paper." Van Atten (2008), S. 39.

eines Systems, die allein durch ihre kausale Rolle charakterisiert sind. Turing-Maschinen werden somit auf einer rein physikalischen Ebene *eingeordnet*. „There is not some kind of extra mental content in addition to the causal relations. There is just a physical input which is processed through a sequence of cause-effect relations in the system, and which issues in a physical output" (Tieszen 2011, S. 109).

c) Sodann kommt die Frage auf, wo demgegenüber der menschliche Geist eingeordnet wird. Gemäß dem *Computerfunktionalismus* sei dieser im Wortsinn eine Turing-Maschine. Da Gödel aber die Mechanisierung der Mathematik ausschließt, *scheint* er in Opposition zu den Computerfunktionalisten zu treten, wofür sich Textbelege anführen lassen.[32]

> It will never be possible to replace the human mathematician by a
> machine, even if we confine ourselves to number-theoretic problems.
> (Gödel nach Tieszen 2011, S. 179)

Im Gegensatz zu den Computerfunktionalisten *scheint* Gödel also eine Philosophie des Geistes zu vertreten, nach welcher die Struktur und Leistungsfähigkeit des menschlichen Verstands weit komplexer und differenzierter sind als die jeder bis dato konzipierten Turing-Maschine. So wurde Gödel etwa von Lucas (1963), Penrose (1990) und Nagel/Newman (2007) rezipiert. Demgegenüber äußert sich Gödel selbst (soweit bekannt) – bspw. an einer Stelle, die dank Feferman (2007) den Namen „Gödels Dichotomie"[33] trägt – viel vorsichtiger.[34]

> Either the human mind surpasses all machines (to be more precise: it
> can decide more number-theoretical questions than any machine), or
> else there exist number-theoretical questions undecidable for the
> human mind. (Gödel nach Wang 1996, S. 185)

Nach Gödel sei seine Dichotomie „a mathematically established fact" (Gödel nach Feferman 2007, S. 10), die eine Konsequenz aus seinem Unvollständigkeitssatz ist. Dies lässt es theoretisch offen, ob der menschliche Geist eine Turing-Maschine ist oder nicht bzw. ob der Computerfunktionalismus verfehlt ist oder nicht, gleichwohl scheinen die Folgen bei Zutreffen des ersten Falls für Gödel nicht annehmbar zu sein.

---

[32] Vgl. auch Wang (1996), Kap. 6.
[33] Streng genommen handelt es sich nicht wirklich um eine Dichotomie. Denn der Fall, dass beide Disjunktionsglieder wahr sind, ist nicht ausgeschlossen – wie Gödel selbst sagt.
[34] Die Spannungen allerdings gegenüber seinen Bemerkungen während einer Logik-Vorlesungsreihe der Notre Dame Universität 1939 (siehe den obigen Auszug) sind evident und deutlich spürbar.
[35] Der Ausdruck „objective mathematics" besagt, „the totality of true statements of mathematics, which includes the totality of true statements of first-order arithmetic" (Feferman 2007, S. 11).

[I]f the human mind were equivalent to a finite machine [i.e. a Turing machine, C.H.], then objective mathematics[35] not only would be incompletable in the sense of not being contained in any well-defined axiomatic system, but moreover there would exist *absolutely* unsolvable problems […], where the epithet "absolutely" means that they would be undecidable, not just within some particular axiomatic system, but by *any* mathematical proof the mind can conceive.
(Gödel nach Feferman 2007, S. 10)

Obschon Gödel also die Richtigkeit des zweiten und die Falschheit des ersten Disjunktionsglieds (in der nach ihm benannten Dichotomie) logisch nicht ausschließt, glaubt er doch daran, dass der Geist einer (beliebig konstruierten) Turing-Maschine (an mathematischer Intelligenz) überlegen ist (und dass keine absolut unlösbaren diophantischen Probleme existieren).[36]

It would be a result of great interest to prove that the shortest decision procedure requires a long time to decide comparatively short propositions. More specifically, it may be possible to prove: For every decidable system and every decision procedure for it, there exists some proposition of length less than 200 whose shortest proof is longer than 10^{20}. Such a result would actually mean that computers cannot replace the human mind, which can give short proofs by giving a new idea. (Gödel nach Wang 1996, S. 189)[37]

Anstelle des Computerfunktionalismus würde Gödel wahrscheinlich eine Theorie des Geistes akzeptieren, in der zwischen einem Gehirn, das ein physisches Objekt ist, und einem immateriellen Geist unterschieden wird und nach der lediglich ersteres ein Computer ist.[38]

Even if the finite brain cannot store an infinite amount of information, the spirit may be able to. The brain is a computing machine connected with a spirit. If the brain is taken to be physical and as [to be] a digital computer, from quantum mechanics [it follows that] there are then only a finite number of states. Only by connecting it [the brain] to a spirit might it work in some other way.
(Gödel nach Wang 1996, S. 193)

---

[36] Der Grund dafür, dass sich Gödel nicht eindeutig (bzw. öffentlich) entgegen des Computerfunktionalismus positionierte, liegt vermutlich darin, dass er keinen unangreifbaren *Beweis* für dessen Unzulänglichkeit hatte.
[37] Deutlicher lässt es sich noch bei van Atten (2006) nachlesen: „I conjecture the [first, C.H.] alternative [regarding his dichotomy, C.H.] can be proved or be made very probable and am hoping that the work I am now engaged in will lead to a sol[ution] of this probl[em]" (Gödel nach van Atten 2006, S. 256).
[38] Daran anknüpfend sei auch auf die geistesphilosophische Debatte um die Frage nach einer möglichen ‚embodied cognition' und einem ‚extended mind' hingewiesen. Vgl. Clark/Chalmers (1998).

Die Crux scheint jedoch weniger die Frage zu sein, ob die Zahl der Geisteszustände gegen Unendlich konvergiert, als vielmehr „whether it develops in a computable manner" (ebd. S. 201). Gödel ergänzt zudem andernorts, dass es logisch möglich ist, dass die Existenz des (nicht-physischen) Geistes eine empirisch entscheidbare Frage ist (ebd. S. 191), wobei „Geist" wie folgt zu verstehen sei:

> By *mind* I mean an individual mind of unlimited life span. This is still different from the collective mind of the species.[39]
> (Gödel nach Wang 1996, S. 189)

Sicherlich bedürfte es noch der Anreicherung mit Inhalten, beschreibenden Aussagen, Hypothesen, Grundannahmen oder -begriffen, um diese Eckpunkte zu einer wirklichen Theorie reifen zu lassen.

Dessen ungeachtet und in Entgegnung darauf[40] können die zwei folgenden *Implikationen* aus Gödels Unvollständigkeitssatz als gesicherte hingenommen werden:

> The human mind is incapable of formulating (or mechanizing) all its mathematical intuitions. That is, if it has succeeded in formulating some of them, this very fact yields new intuitive knowledge, for example the consistency of this formalism. This fact may be called the "incompletability" of mathematics. On the other hand, on the basis of what has been proved so far, it remains possible that there may exist (and even be empirically discoverable) a theorem-proving machine which in fact *is* equivalent to mathematical intuition, but cannot be *proved* to be so, nor even be proved to yield only *correct* theorems of finitary number theory. (Gödel nach Wang 1996, S. 184f.)

Letztgenannte Implikation führt schließlich klar die Diskrepanz vor Augen, die zwischen ihr (d.h. was wirklich aus Gödels Theorem folgt) und der Negation des Computerfunktionalismus (d.h. was Lucas 1963 und andere aus Gödels Theorem geschlossen haben) besteht. Mit der erstgenannten kommen wir dagegen auf die vordergründige philosophische Implikation aus Gödels Unvollständigkeitssatz zurück. Ohne eine dritte Lesart von „Mechanisierung der Mathematik" *extra* diskutieren zu wollen – die Mechanisierung der Mathematik als

---

[39] Der Gödelsche Begriff des Geistes bleibt allerdings anhand dieser Bemerkung nach wie vor recht vage. Vielleicht könnte ein fortgesetztes Studium seiner Philosophischen Bemerkungen helfen, das Verständnis zu fördern.
[40] Man darf es als Entgegnung auf Ausformulierungen der Eckpunkte ansehen, weil dafür die gesicherte Grundlage fehlt; d.h. die Widerlegung des Computerfunktionalismus wird nicht durch Gödels Unvollständigkeitssatz impliziert (und dieser Arbeit geht es immerhin um die philosophischen Implikationen aus diesem Theorem).

„formulating all [the] mathematical intuitions [of the human mind]" –,[41] sei zum Abschluss noch kurz der in früheren Kapiteln vorgebrachten Frage nachgegangen, warum die Eliminierung des Geistes und abstrakter Entitäten unmöglich sei, wenn man eine befriedigende Mathematik haben möchte. Inwiefern impliziert Gödels Unvollständigkeitssatz seine Aussage über die Mechanisierung der Mathematik?[42]

Bevor Gödel seine Arbeit über formal unentscheidbare Sätze der Principia Mathematica publizierte, wurde vermutet, dass jede präzis formulierte mathematische Ja-Nein-Frage durch *mechanische* Regeln des logischen Schließens auf Basis einiger weniger mathematischer Axiome entschieden werden kann (2.2.); mit Gödel ließe sich sagen, dass man an die Mechanisierung der Mathematik glaubte. Wie gesehen (2.1.) zeigte er aber, dass unabhängig davon, welche oder wie viele Axiome gewählt werden, es immer zahlentheoretische Ja-Nein-Fragen gibt (z.b. entsprechend der Formel *G*), die ausgehend von diesen Axiomen nicht entscheidbar sind. Ergo existieren (für *beliebige* widerspruchsfreie arithmetische Axiomensysteme) immer arithmetische Sätze, die nicht mechanisch abgeleitet werden können; d.h. die Mechanisierung der Mathematik ist nicht durchführbar. Warum ist das jedoch ein Problem bzw. wo ist der Zusammenhang zu einer befriedigenden Mathematik? Durch eine *nicht-mechanische* Argumentation, d.h. durch geeignete metamathematische Überlegungen über das betreffende arithmetische System, gelangt man zu dem *befriedigenden* Ergebnis, dass sich die Wahrheit solcher Sätze *einsehen* (= „*Erkennen* nach viel Denken oder Diskutieren")[43] lässt.

Damit ist der Übergang von Gödels Unvollständigkeitssatz hin zu der Aussage, dass die Mechanisierung der Mathematik für den Erhalt einer befriedigenden Mathematik unmöglich ist, legitimiert. Was diese Aussage bedeutet und was daraus für die Philosophie des Geistes und für die Philosophie der Mathematik folgt bzw. nicht folgt, wurde versucht im Vorangegangenen in Ansätzen zu klären.

---

[41] Diese Diskussion brächte wohl kaum neue Erkenntnisse, angesichts dessen, was zuvor schon behandelt wurde.
[42] Zwar kann sich die Antwort auf die Frage leicht erschlossen werden, doch soll sie für das Gesamtfazit explizit erwähnt sein.
[43] Vgl. Gödels Bemerkung 400 zur Philosophie in Heft 6 seiner Philosophischen Bemerkungen.

4. Abschließende Bemerkungen und Ausblick

Insofern und entsprechend der Ankündigung, dass die Analyse der Gödelschen Briefbemerkung hilfreich für die Erörterung der allgemeineren Frage (siehe S. 6) nach dem Wert des Unvollständigkeitssatzes für die Beschäftigung mit der Natur mentaler Zustände sei, wurden nützliche Einblicke gewonnen, die man oben nachlesen kann. Auch wenn es Gödels Anliegen war, „to disprove computerism for mental phenomena" (Wang 1996, S. 184), ist der Computerfunktionalismus durch sein Theorem und den daraus korrekt gezogenen Schlussfolgerungen nicht widerlegt worden. Nichtsdestotrotz favorisiert er eine andere Theorie des Geistes, wonach der menschliche Geist die Leistungsfähigkeit jeder Turing-Maschine (unendlich) übertrifft.

Abschließend werden fünf kritische Bemerkungen gegeben, die man bei einer fortgesetzten Geist-versus-Maschinen-Debatte berücksichtigen sollte. Die ersten beiden sind von allgemeinerer Natur, die verbleibenden drei betreffen dagegen das, was Gödel an positiven Behauptungen über den menschlichen Geist aufstellte.

1) Es kommt einer Hybris gleich zu denken, dass alleine die Mathematik bestimmen könnte, wozu der menschliche Geist im Allgemeinen imstande ist und wozu nicht.

2) Die Thesen, die Gödel, Lucas, Penrose und andere aus dem Unvollständigkeitssatz entwickeln, sind von stark idealisierten Annahmen sowohl über die Natur des menschlichen Geistes als auch über die Natur von Maschinen abhängig.

> What about the assumption that the human mind is consistent? In practice, mathematicians certainly make errors and thence arrive at false conclusions that in some cases go long undetected. Penrose, among others, has pointed out that when errors are detected, mathematicians seek out their source and correct them (cf. Penrose 1996, pp. 137 ff), and so he has argued that it is reasonable to ascribe self-correctability and hence consistency to our idealized mathematician. But even if such a one can correct all his errors, can he know with mathematical certitude, as required for Gödel's claim, that he is consistent? (Feferman 2007, S. 15)[44]

Gödels Philosophie des Geistes ist entgegen zu halten – sofern seine wenigen Äußerungen dazu überhaupt zu einem kohärenten Ganzen verknüpft werden können:

3) Eine Wirkung des immateriellen Geistes auf das materielle Gehirn lässt sich *empirisch* nicht nachweisen.

4) Warum bedarf der Geist überhaupt eines *komplexen und funktionsfähigen Gehirns*, um kausal wirksam sein zu können?

---

[44] Vgl. weiterführend und ausführlicher Shapiro (1998).

5) Warum kann *mein* Geist auf *mein* Gehirn, aber auf *kein anderes* Gehirn einwirken?

Wie Gödel auf die Konfrontation mit diesen Einwendungen reagieren würde, ob er eine befriedigende Antwort gäbe, ob er eine Immunisierungsstrategie (Albert) wählen würde oder ob seine Philosophie des Geistes vielleicht gar nicht tangiert wäre, könnte den Gegenstand einer anderen Arbeit bilden. Dies stellte einen neben vielen denkbaren Anlässen zur erneuten Würdigung der Reichweite schöpferischer Vernunft dar, die ihren Ausdruck in Gödels Arbeiten fand.

5. Literatur

- Beckermann, A. (2008): *Analytische Einführung in die Philosophie des Geistes*, Berlin.
- Bernstein, J. (1991): *Quantum Profiles*, Princeton.
- Boolos, J. R. / Burgess, J. P. (2002): *Computability and Logic*, Cambridge.
- Feferman, S. (2007): *Gödel, Nagel, minds and machines*, Ernest Nagel Lecture at Columbia University 27/09/2007, URL: http://stanford.academia.edu/SolomonFeferman/ Papers/58958/Godel_Nagel_minds_and_machines (24.10.2011).
- Clark, A. / Chalmers, D. J. (1998): *The Extended Mind*, in: *Analysis* 58, S. 10–23.
- Fodor, J.A. (1994): Art. *Fodor, Jerry*, in: S. Guttenplan (Hg.): *A Companion to the Philosophy of Mind*, Oxford, S. 292–300.
- Fodor, J.A. (1987): *Psychosemantics*, Cambridge, MA.
- Gödel, K. (1986): *Collected Works*, Vol. I: *Publications 1929-1936*, hg. v. S. Feferman et al., New York.
- Gödel, K. (1958): *Über eine bisher noch nicht benützte Erweiterung des finiten Standpunktes*, in: *Dialectica* 12, S. 280–287.
- Hofstadter, D. R. (1979): *Gödel, Escher, Bach: an Eternal Golden Braid*, New York.
- Lucas, J. R. (1963): *Minds, Machines and Gödel*, in: K. M. Sayre / F. J. Crosson (Hgg.): *The Modeling of Mind*, Notre Dame, S. 255–270.
- Nagel, E. / Newman, J. R. (2007): *Gödel's proof*, dt. Übers. v. H. Schleichert: *Der Gödelsche Beweis*, München 2006 (Orig. 1958).
- Nagel, E. / Newman, J. R. (1956): *Gödel's proof*, in: J. R. Newman (Hg.): *The World of Mathematics: A small library of the literature of mathematics from A'h-mosé the Scribe to Albert Einstein, presented with commentaries and notes*, Vol. 3, New York, S. 1668–1695.
- Penrose, R. (1990): *The Emperor's New Mind*, Oxford.
- Putnam, H. (1960): *Minds and Machines*, in: S. Hook (Hg.): *Dimensions of Mind*, New York, S. 138–164.
- Schöning, U. (2008), *Theoretische Informatik - kurz gefasst*, Berlin.
- Shapiro, S. (1998): *Incompleteness, mechanism, and optimism*, in: *Bulletin of Symbolic Logic* 4, S. 273–302.
- Tieszen, R. (2011): *After Gödel: Platonism and Rationalism in Mathematics and Logic*, Oxford.
- Van Atten, M. (2008): *The Foundations of Mathematics as a Study of Life*, in: *Progress of Theoretical Physics Supplement* 173, S. 38–47.
- Van Atten, M. (2006): *Two Draft Letters from Gödel on Self-knowledge of Reason*, in: *Philosophia Mathematica (III)* 14, S. 255–261.
- Wang, H. (1996): *A Logical Journey. From Gödel to Philosophy*, Cambridge, MA.